国家中等职业教育改革发展示范学校建设项目成果教材

听力语言障碍生办公软件应用
（Word）

主　编　孙　卉

副主编　刘　凌　石海明

参　编　江　薇　莫谢英

机 械 工 业 出 版 社

本书以任务驱动教学法为主，通过较多的图片和案例对知识进行讲解，配以相应的任务和大量的实训来让学生掌握相关的知识点，实用性较强。教师可以根据学生掌握知识的程度进行实际教学。本书共 4 个项目，包括初识 Word 2007、设置文档格式、美化编辑文档和深入了解 Word 2007。

　　本书可作为阅读能力较薄弱的职业技术学校学生，特别是存在听力语言障碍的学生的教材。

　　为方便教学，本书配有电子课件，读者可登录网站（www.cmpedu.com）免费注册下载，或联系编辑（010-88379194）咨询。

图书在版编目（CIP）数据

听力语言障碍生办公软件应用：Word / 孙卉主编. —
北京：机械工业出版社，2015.8
国家中等职业教育改革发展示范学校建设项目成果教材
　ISBN 978-7-111-51326-1

　Ⅰ. ①听… Ⅱ. ①孙… Ⅲ. ①文字处理系统－中等专
业学校—教材 Ⅳ.①TP391.12

　　中国版本图书馆 CIP 数据核字（2015）第 197267 号

机械工业出版社（北京市百万庄大街 22 号　邮政编码 100037）
策划编辑：梁　伟　　　　责任编辑：李绍坤　叶蕾薇
封面设计：陈　沛　　　　责任校对：李　丹
责任印制：李　洋
北京振兴源印务有限公司印刷
2015 年 9 月第 1 版第 1 次印刷
184mm×260mm · 4.25 印张 · 89 千字
0001—0600 册
标准书号：ISBN 978-7-111-51326-1
定价：15.00 元

凡购本书，如有缺页、倒页、脱页，由本社发行部调换

电话服务　　　　　　　　　　　网络服务

服务咨询热线：（010）88379833　　机工官网：www.cmpbook.com

读者购书热线：（010）88379649　　机工官博：weibo. com/cmp1952

封面无防伪标均为盗版　　　　　教育服务网：www.cmpedu.com

　　　　　　　　　　　　　　　　金书网：www.golden-book.com

前　言

　　本书主要针对阅读能力较为薄弱的职业技术学校学生，特别是存在听力语言障碍的学生掌握办公软件应用方法而编写。通过学习本书，使学生能够掌握常用办公软件——Word 相关知识的实际运用方法，增强学生在办公文档处理方面的实际操作水平。本书配有大量的图片、案例和实训，教师可以根据学生学习的具体情况进行不同的教学安排。

　　本书共包括 4 个项目，内容安排如下。项目 1 初识 Word 2007，主要介绍 Word 2007 的基本操作方法。项目 2 设置文档格式，主要介绍如何进行文档格式的设置。项目 3 美化编辑文档，主要介绍如何制作出美观大方的几种常见的文档。项目 4 深入了解 Word 2007，主要介绍如何使用 Word 2007 对文档进行排版和修订操作。

教学建议：

项　目	动手操作学时	理论学时
项目 1　初识 Word 2007	6	4
项目 2　设置文档格式	24	6
项目 3　美化编辑文档	24	6
项目 4　深入了解 Word 2007	24	6
合　计	78	72

本书由孙卉任主编，刘凌、石海明任副主编，参与编写的还有江薇和莫谢英。
由于编者水平有限，书中难免存在疏漏和不足之处，敬请读者批评指正。

编　者

目　录

项目 1 初识 Word 2007

- 掌握启动和退出 Word 2007 的方法。
- 熟悉 Word 2007 的工作界面。
- 掌握 Word 2007 文档的打开、新建和保存等基本操作。

任务 1 Word 2007 的打开方式

1）从"开始"菜单打开。执行"开始"→"所有程序"→"Microsoft Office"→"Microsoft Office Word 2007"菜单命令，如图 1-1 所示。

图 1-1 从"开始"菜单打开

2）从桌面快捷方式打开，如图 1-2 所示。

3）双击保存在计算机中的任意一个 Word 文档（".docx"或".doc"为扩展名的文档）。

①以".doc"为扩展名的文档，如图 1-3 所示。

②以".docx"为扩展名的文档，如图 1-4 所示。

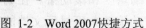

图 1-2 Word 2007快捷方式

图 1-3 Word 2003图标

图 1-4 Word 2007图标

任务2　认识 Word 2007 界面

1. Word 2007 工作界面

Word 2007 的工作界面与 Word 2003 的工作界面有很大不同，特别是在功能区的布局方面，如图 1-5 所示。

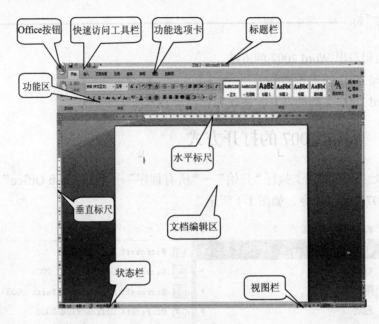

图 1-5　Word 窗口组成

2. Word 2007 界面简介

1）Office 按钮。Office 按钮位于工作界面的左上方，其功能与 Word 2003 中的"文件"菜单功能类似，单击该按钮，在弹出的下拉菜单中包括新建、打开、保存、打印等选项。

2）快速访问工具栏。在默认情况下，快速访问工具栏位于 Office 按钮的右侧，包括保存、撤销、重复等按钮。单击 ▼ 按钮，在弹出的下拉菜单中选择常用的工具命令即可将该工具添加到快速访问工具栏中，也可以选择其他命令来自定义快速访问工具栏。

3）标题栏。标题栏位于窗口的最上方，用于显示正在操作的文档和程序名称等信息，右侧包括 3 个控制按钮：最小化、最大化、关闭。

4）功能区。功能区集合了许多自动适应窗口大小的功能组，其中为用户提供了常用的命令按钮或列表框，某些功能组右下角显示有"对话框启动器" ▫ ，单击该功能按钮将打开相应的对话框或任务空格，便于进行详细的设置。

5）标尺。标尺位于文档编辑区的左侧和上侧，其作用是确定文档在屏幕和纸张上的位置。

6）文档编辑区。文档编辑区是窗口的主要组成部分，包含编辑区和滚动条。在编辑区中闪烁的光标即是文本插入点，用于控制文本输入的位置。拖动滚动条可显示文档的其他内容。

7）状态栏。状态栏用于显示与当前工作有关的基本信息。

8）视图栏。视图栏主要用于切换文档的视图模式。

任务 3　Word 文档基本操作

1.新建空白文档

在使用 Word 2007 之前，首先需要新建一个空白文档。启动 Word 2007 之后，系统会自动新建一个名为"文档 1"的空白文档以供使用，也可以根据需要新建其他类型的文档。

1）从 Office 按钮新建。

①启动 Word 2007，打开窗口，如图 1-6 所示。

②单击 Office 按钮 ，在弹出的下拉菜单中选择"新建"命令，打开"新建文档"对话框。

图 1-6　启动 Word 2007

③在"模板"栏中单击"空白文档和最近使用的文档"选项，在中间的列表中单击"空白文档"选项。

④单击"创建"按钮，创建一个名为"文档 2"的空白文档，如图 1-7 所示。

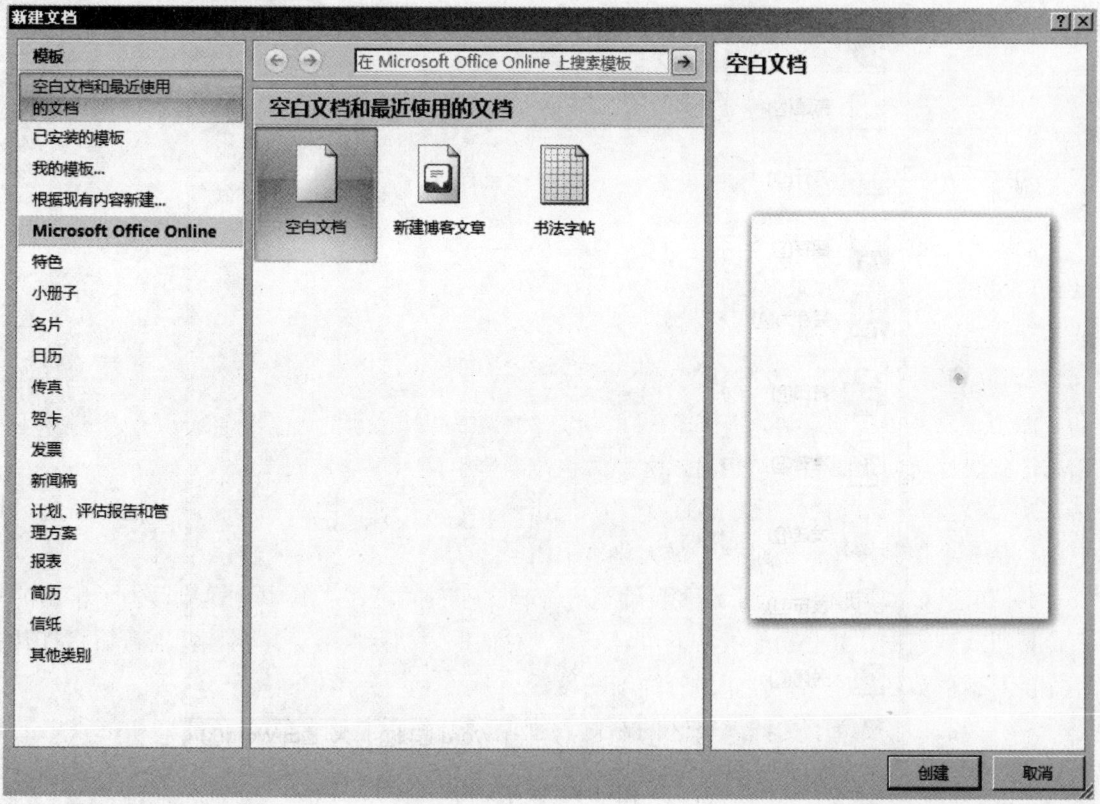

图 1-7　新建 Word 文档

2）使用快捷方式新建 Word 文档，如图 1-8 所示。

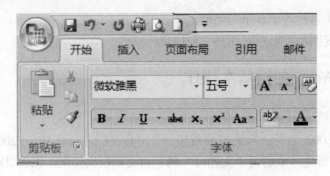

图 1-8 使用快捷方式新建Word文档

2. 保存文档

对 Word 文档进行编辑后，需将其保存在计算机中，否则编辑的文档内容将会丢失。保存文档包括对新建的文档进行保存，对现有的文档进行保存或者另存为。有以下 3 种方式可以保存文档。

1）单击 Office 按钮，在弹出的下拉菜单中选择"另存为"或"保存"命令，打开"另存为"或"保存"对话框，如图 1-9 所示。

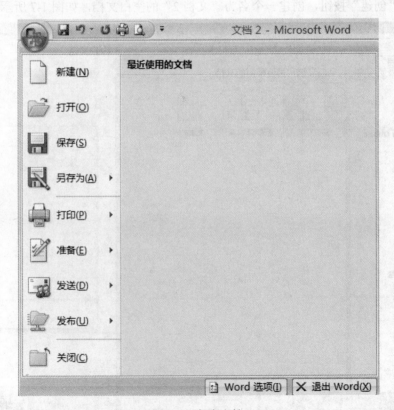

图 1-9 保存文档

2）在当前文档中单击快速访问工具栏的"保存"按钮。

3）在当前文档中按<Ctrl+S>组合键。

注意：

在"保存"对话框的"保存类型"下拉列表框中更改所要保存的文档类型，例如，Word 2007 默认保存文档的扩展名是".docx"，可以改为 Word 97—2003 文档——扩展名为".doc"。

3. 退出文档

对于已经操作完成的文档，在需要关机或拔出 U 盘等操作之前，需要先退出文档，以避免数据丢失。有以下 4 种方式可以退出文档。

1）单击标题栏上的"关闭"按钮 ✕ 。

2）单击 Office 按钮 ，在弹出的下拉菜单中选择"关闭"命令或单击右下角的"退出 Word"按钮 ✕ 退出 Word(X) 。

3）在标题栏空白处单击鼠标右键，在弹出的快捷菜单中选择"关闭"命令。

4）在工作界面中按<Alt+F4>组合键。

◉ 任务 4　制作职位说明书文档

▰ 任务分析 ▰

本任务的目标是利用 Word 编辑文本的相关知识制作一份职位说明书，通过练习将掌握输入普通文本、输入特殊文本和编辑文本的方法。效果如图 1-10 所示。

萝卜科技有限公司

※包装设计师
◆部门：设计部
◆职务：包装设计师
◆直属上级：设计部办公室主任
◆职位概要：组织设计、改善、改进包装结构、包装工艺，使产品包装达到专业标准
◆工作内容：
①主持完成成品及半成品的包装设计，包括组织设计、改善、改进包装结构、包装工艺。
②制作包装结构文件。
③收集包装类的信息等。
◆任职资格：
①两年或两年以上相关经验。
②熟练操作相关设计软件 Photoshop、CorelDraw 和 Illustrator 等。
③工作自主，有较强的创新能力以及学习能力。

二〇一三年四月

图 1-10　职位说明书样文

▰ 专业背景 ▰

职位说明书是通过职位描述的工作把直接的实践经验上升为理论形式，成为指导性的管

理文件。职位说明书主要是提供制订职位说明书的框架格式并提供建议，一般为一式三份，一份由公司负责人保管，一份由员工保管，一份由人力资源部保管。

1. 输入文档内容

1）启动 Word 2007，程序将新建文档并命名为"文档1"。

2）按<Space>键将光标定位在文档第一行的中间，或双击鼠标使用即点即输功能定位光标，并输入公司名称"萝卜科技有限公司"。

3）按<Enter>键换行，将光标定位到下一行的开始位置，输入职位名称"包装设计师"。

4）按<Enter>键换行，将光标定位到下一行的开始位置，输入职位基本信息，如"部门：设计部"。

5）利用相同的方法，在文档中输入其他文本，如图 1-11 所示。

萝卜科技有限公司

包装设计师
部门：设计部
职务：包装设计师
直属上级：设记部办公室主任
职位概要：组织设记、改善、改近包装结构、包装工艺，使产品包装达到专业标准。
工作内容：
主持完成成品及半成品的包装设计。
制作包装结构文件。
收集包装类的信息等。
任职资格：
两年或两年以上相关经验。
熟练操作相关设计软件。
工作自主，有较强的学习能力和创新能力。

二〇一三年四月

图 1-11　输入公司名称及其他文本

2. 输入特殊文本

1）将光标定位到"包装设计师"前，切换至"插入"选项卡。

2）在"特殊符号"功能组中单击"符号"按钮，在弹出的下拉菜单中单击"其他符号"选项，打开"符号"对话框。

3）在列表中选择"※"特殊符号，如图 1-12 所示。

4）单击"确定"按钮，即可将特殊符号插入文本中。

5）利用相同的方法，在文档中输入其他特殊符号"◆"，如图 1-13 所示。

6）将光标定位到"主持完成成品"文本前，在"特殊符号"功能组中单击"符号"按钮 Ω，在弹出的下拉菜单中单击"编号"选项，打开"编号"对话框。

7）在"编号"文本框中输入编号"1"，在"编号类型"下拉列表框中选择一种编号类型，如图 1-14 所示。

8）单击"确定"按钮，即可将带编号的文本插入文档中，利用相同的方法在文档的相应位置插入带编号的文本，如图 1-15 所示。

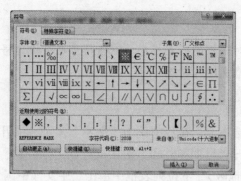

图 1-12　选择特殊符号

萝卜科技有限公司

※包装设计师
◆部门：设计部
◆职务：包装设计师
◆直属上级：设记部办公室主任
◆职位概要：组织设记、改善、改近包装结构、包装工艺，使产品包装达到专业标准。
◆工作内容：
主持完成成品及半成品的包装设计。
制作包装结构文件。
收集包装类的信息等。
◆任职资格：
两年或两年以上相关经验。
熟练操作相关设计软件。
工作自主，有较强的学习能力和创新能力。

　　　　　　　　　　　　　　　　　　　　　　　　　　　二〇一三年四月

图 1-13　输入其他特殊符号

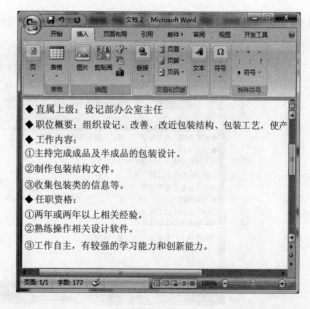

图 1-14　"编号"对话框　　　　图 1-15　插入带编号的文本

提示：

在"插入特殊符号"对话框的列表框中，双击符号也可快速将该符号插入文本中并关闭对话框，还可以通过软件盘来输入特殊符号。

9）将文本插入点定位到文档的右下角。

10）切换到"插入"选项卡，在其中单击"文本"按钮 展开"文本"功能组，再单击"日期和时间"按钮，打开"日期和时间"对话框。

11）在"语言（国家/地区）"下拉列表框中单击"中文（中国）"选项，在"可用格式"列表框中单击"二〇一三年四月"选项，如图1-16所示。

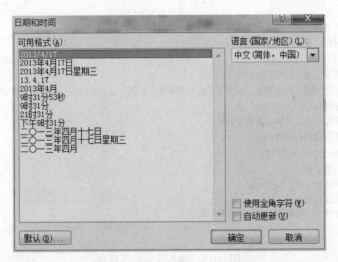

图 1-16 "日期和时间"对话框

12）单击"确定"按钮，即可将日期插入文档中，如图1-17所示。

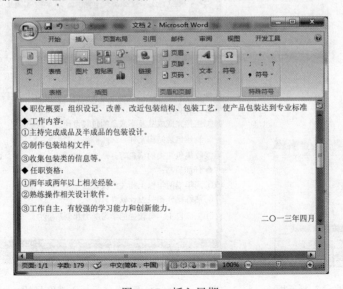

图 1-17 插入日期

3. 修改不正确的文本

1）将光标定位到"熟练操作相关设计软件"后，切换到相应的汉字输入法并输入"Photoshop、CorelDraw 和 Illustrator 等"文本。

2）将光标定位在"改近"前，在文档窗口的状态栏中单击"插入"按钮，使其变为"改写"按钮进入改写状态。

3）切换到相应的汉字输入法输入"改进"，即可改写文本。

4）再次单击"改写"按钮，退出改写状态。

5）将光标定位在"组织设记"前，按住并拖动鼠标左键选择文本，如图 1-18 所示。

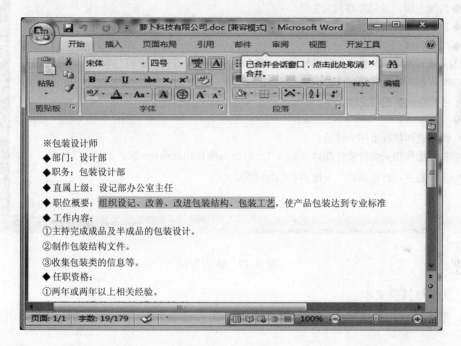

图 1-18　选择文本

6）执行以下任意一种操作复制文本。

①切换至"开始"选项卡，单击"剪贴板"功能组中的"复制"按钮，将选择的文本复制到剪贴板中。

②在选择的文本上单击鼠标右键，在弹出的快捷菜单中选择"复制"命令。

③ 按＜Ctrl+C＞组合键复制文本。

7）将光标定位到"半成品的包装设记"后输入"，包括"。

8）执行以下任意一种操作粘贴文本。

①单击"剪贴板"功能组中的"粘贴"按钮。

②在选择的文本上单击鼠标右键，在弹出的快捷菜单中选择"复制"命令。

③按＜Ctrl+V＞组合键粘贴文本。

9）选择"创新能力"文本，按住鼠标左键并将其拖动到"学习能力"之前，如图 1-19 所示，释放鼠标左键，并输入"以及"文本。

10）执行以下任意一种操作删除文本"和"。

①选择"和"，按<Backspace>键。

②将光标定位在文本"和"后面，按<Backspace>键。

③将光标定位在文本"和"前面，按<Delete>键。

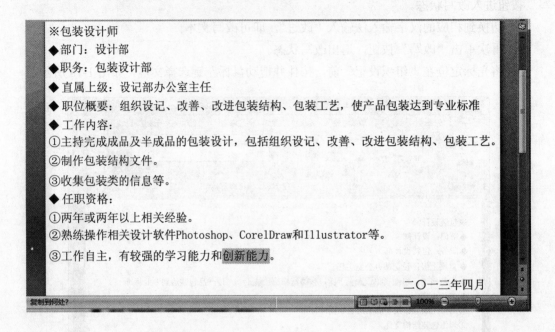

图 1-19　移动文本

4. 查找与替换文本

1）将光标定位在文档的开始位置，在"开始"选项卡的"编辑"功能组中单击"查找"按钮。

2）打开"查找和替换"对话框，切换至"查找"选项卡，在"查找内容"下拉列表框中输入"设记"，单击"查找下一处"按钮或按<Enter>键，Word 将自动在文档中从光标位置开始查找，找到的第一个内容以蓝底黑字形式显示，再次单击"查找下一处"按钮继续查找，如图 1-20 所示。

3）当查找完成以后将弹出一个对话框，提示 Word 已完成对文档的查找，单击"确定"按钮关闭提示对话框，返回"查找和替换"对话框。

4）切换至"替换"选项卡，在"替换为"下拉列表框中输入"设计"，单击"查找下一处"按钮，Word 将查找结果以蓝底黑字形式显示。

5）单击"替换"按钮，Word 开始替换。如果全文中的结果都需替换，那么可以直接单击"全部替换"按钮，以提高工作效率。

6）替换完成后将打开一个对话框，提示 Word 已完成对文档的搜索并替换，单击"确定"按钮，关闭该对话框。

7）单击"关闭"按钮，关闭"查找和替换"对话框，替换后的效果如图 1-21 所示。

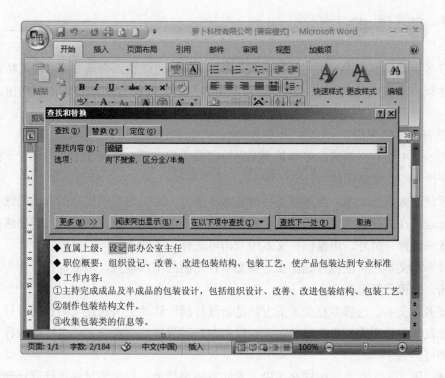

图 1-20　查找文本

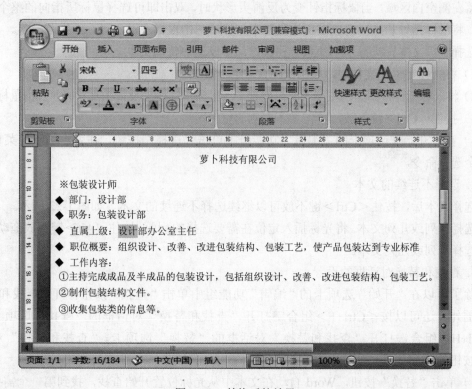

图 1-21　替换后的效果

本任务主要讲解在 Word 文档中输入文本的方法，包括输入普通文本、输入特殊文本和修改文本以及查找和替换文本。读者可以利用本例的方法结合文本编辑，制作出其他办公文档。

1. 选择文本的方法

在 Word 中输入文本后，若要对文本进行编辑，则必须先选择文本，选择文本的方法有很多，下面介绍几种常用的方法。

选择任意数量的文本。当需要选择的文本不多时，可以用拖动鼠标的方法来选择，也可以将光标定位在需要选择文本的开始位置，按住<Shift>键不放，然后单击需要选择的文本结束位置来选择。另外，用鼠标在文本中双击可选择一个词语。

选择一行文本。将鼠标移到需要选择文本行左侧的空白位置，当鼠标指针变为反箭头形状时单击，即可选择整行文本。

选择多行文本。选择多行文本的方法是将鼠标指针移动到所选连续多行的首行左侧空白位置，当鼠标指针变为反箭头形状时按住鼠标左键不放拖动到所选连续多行的末行行首，松开鼠标即可。

选择一段文本。在文档中选择一段文本的方法很简单，只需将鼠标指针移动到所需选择的段落左侧空白区域，当鼠标指针变为反箭头形状时，双击即可选择鼠标所指向的整个段落。另外，将鼠标指针和光标定位在所选段落中，然后三击鼠标左键也可选中当前段落。

选择整篇文本。执行以下任意一种操作都可以选中整篇文本。

1）将光标定位在文档中，按<Ctrl+A>组合键。

2）将鼠标指针移到文档左侧的空白位置，当鼠标指针变为反箭头形状时，三击鼠标左键。

3）按住<Ctrl>键不放，单击文本左侧的空白区域。

4）在"开始"选项卡的"编辑"功能组中单击"选择"按钮，在弹出的下拉菜单中选择"全选"命令。

2. 选择不连续的文本

选择文本后，按住<Ctrl>键不放可以继续选择不连续的文本，如图 1-22 所示。

选择一列或几列文本。将光标插入定位在需要选择的列前，按住<Alt>键不放拖动鼠标，可以选择一列或几列文本。

3. 查找和替换对话框的设置

除了可以在"开始"选项卡的"编辑"功能组中单击"查找"按钮打开"查找和替换"对话框外，还可以按<Ctrl+F>组合键打开"查找和替换"对话框的"查找"选项卡，按<Ctrl+H>组合键打开"查找和替换"对话框的"替换"选项卡。"查找和替换"对话框中各按钮的作用如下。

1）单击"替换"按钮，Word 自动在文本中从光标位置开始查找，找到第一个需要查找的内容，并以蓝底黑字显示在文档中。再次单击该按钮将替换该处文本内容，并将下一个查找到的文本以蓝底黑字显示。

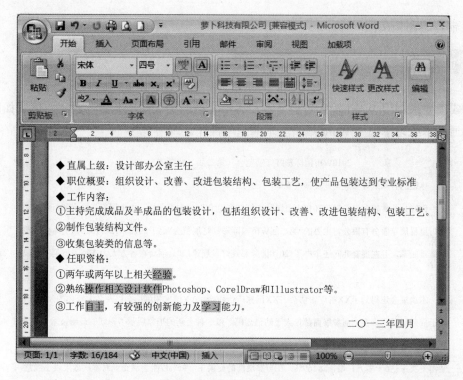

图 1-22　选择不连续的文本

2）单击"全部替换"按钮，将文档中所有符合条件的文本替换为设定的文本。

3）单击"更多"按钮，将展开如图 1-23 所示的"搜索选项"，在其中可设置查找方法，如查找时区分大小写、使用通配符及查找带有某种字体格式的文本等。

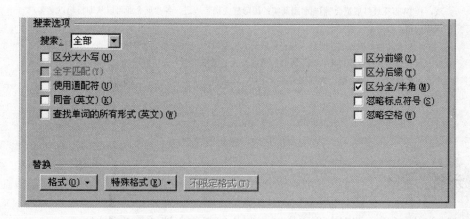

图 1-23　"搜索选项"

4）单击"查找下一处"按钮，跳过查找到的这一处文本，即不对该处文本进行替换。

5）单击"阅读突出显示"按钮，在弹出的下拉菜单中选择"全部突出显示"命令，在文档中当前被查找到的所有内容会呈黄底黑字显示。

13

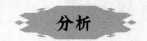

实训

1. 制作感谢信文档

实训目标

本实训要求利用 Word 输入普通文本和编辑文档的相关知识制作一封感谢信，如图 1-24 所示。通过本练习掌握用 Word 编辑文本的基本操作。

2010W市国际彩虹灯展览会（第二届）感谢信

尊敬的各彩虹灯参展企业及参观观众：

你好！非常感谢贵司对"2010W市国际彩虹灯展览会"的大力支持。由中国广告协会彩虹灯委员会与星易展览服务有限公司主办的"第二届W市国际彩虹灯展览会"已于2010年12月16日在交易会展览馆隆重闭幕，并在展会期间还举办了"2010国际彩虹灯发展论坛"。展会在各方大力支持下取得了圆满成功。

本次展会还得到了XX省广告协会、XX国家广告协会、YY国家招牌协会以及各大媒体的鼎力支持。由于成效显著，许多上届参展商都扩大了站台规模，以一种全新的形象展示了彩虹的最新技术。在参观人数方面，共四天的"W市国际彩虹灯展"录得20000人次进场参观，与上届同期相比增幅达85%，其中海外买家达6千多人，增幅达169%。在与参展商的交谈中，95%以上参展企业对本次效果表示满意，更有部分参展商当场预定了"2011年第三届W市国际彩虹灯展览会"展台。

"2011W市国际彩虹灯展览会（第三届）"将于2011年11月10—17日在W市商品交易会展览馆继续举行，"让中国彩虹灯走向世界"是组委会办展宗旨，我们在总结本次展会成功与不足的基础上，将继续努力塑造成为展示当前行业新产品、新技术、新趋势、国际化的彩虹灯行业盛会，并继续加大在国外的宣传推广力度，在美国、欧洲、中东、韩国、日本设立联络机构，专门组织海外展商及买家参展参观，使"W市霓虹灯展览会"朝向名副其实的国际盛会阔步迈进。各参展企业可以从即日起以老客户的优惠价格，预定最佳展位。

本届展会之所以能够成功举办，与贵单位的大力支持和帮助是密不可分的。在此，我们对各参展企业、行业协会及业内媒体再次表示衷心的感谢！我们诚挚希望与贵司再次合作，同时希望贵司多提宝贵意见和建议。在整个展会期间如有不周之处，还请贵司多多谅解。再次感谢贵司的鼎力支持！
致礼！

星易展览服务有限公司

图 1-24　感谢信样文

分析

1）新建文档后将文档保存为"练习1 制作感谢信文档.docx"文档。

2）Word 提供了即点即输功能，因此，可以在文档的相应位置直接双击鼠标输入文本，如图 1-25 所示。

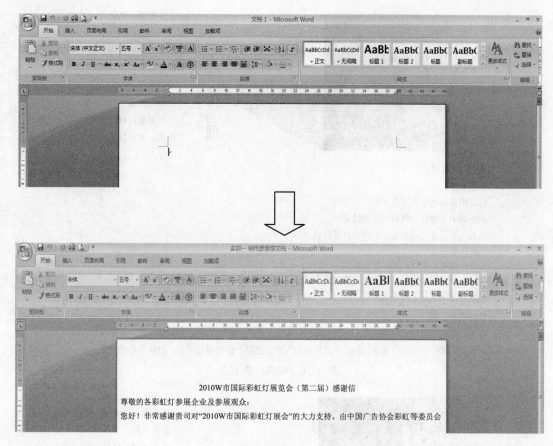

2010W市国际彩虹灯展览会（第二届）感谢信

尊敬的各彩虹灯参展企业及参展观众：

您好！非常感谢贵司对"2010W市国际彩虹灯展会"的大力支持。由中国广告协会彩虹等委员会

图 1-25 输入文本

2. 编辑和打印招聘广告文档

实训目标

本实训要求在已有的一篇招聘广告文档的基础上，利用输入特殊文本和修改文本等操作将其编辑成如图 1-27 所示的招聘广告文档。

分析

1）打开素材文件，输入特殊文本，如特殊符号。

2）利用改写和删除等操作修改文本。

3）保存文档，在打印预览下查看文档是否有误。原文如图 1-26 所示。

样文如图 1-27 所示。

根据所学内容，动手完成以下实训内容。

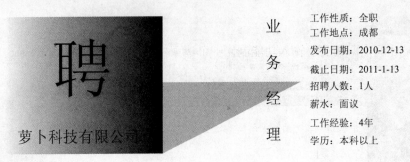

工作性质：全职
工作地点：成都
发布日期：2010-12-13
截止日期：2011-1-13
招聘人数：1人
薪水：面议
工作经验：4年
学历：本科以上

职位描述

任职条件
计算机或营销相关专业本科以上学历；
四年以上市场综合营销和管理经验；
熟悉电子商务，具有良好的行业资源背景。
岗位工作
负责挖掘潜在客户，进行行业拓展；
制订市场开发及推广实施计划，制定并实施公司市场、销售策略及预算；
完成公司季度和年度销售指标。

公司简介

萝卜科技有限责任公司是以数字行业为龙头，集电子商务、系统集成、自主研发为一体的高科技公司。公司集中了一大批高素质的、专业性强的人才，立足于数字信息产业，提供专业的信

图 1-26　招聘广告原文

工作性质：全职
工作地点：成都
发布日期：2010-12-13
截止日期：2011-1-10
招聘人数：1人
薪水：面议
工作经验：5年
学历：研究生以上

●职位描述

※任职条件
▶计算机或营销相关专业研究生及以上学历；
▶五年以上国内外IT、市场综合营销和管理经验；
▶熟悉电子商务，具有良好的行业资源背景；
▶极强的市场开拓能力、沟通和协调能力强，敬业，有良好的职业操守。
※岗位工作
▶负责部门日常工作的计划、布置、检查、监督；
▶负责挖掘潜在客户，进行行业拓展；
▶制订市场开发及推广实施计划，制定并实施公司市场、销售策略及预算；
▶完成公司季度和年度销售指标。

●公司简介

萝卜科技有限责任公司是以数字行业为龙头，集电子商务、系统集成、自主研发为一体的高科技公司。公司集中了一大批高素质的、专业性强的人才，立足于数字信息产业，

图 1-27　招聘广告样文

3. 制作请柬文档

使用 Word 即点即输文字输入功能制作一个请柬文档，如图 1-28 所示。

请柬

胡策惮：

　　兹定于2010年12月27日至2011年1月5日，在资新大厦召开春城名酒展销会，并于12月27日11时50分在资新大酒家举行开幕典礼，敬备酒宴恭候。

　　请届时光临。

三压酒业有限公司敬约

2010年12月15日

图 1-28 请柬样文

4. 制作备忘录文档

使用 Word 即点即输文字输入功能，输入特殊文本和普通文本，然后修改文档中的错误，制作一个备忘录文档，如图 1-29 所示。

备忘录

◎收件人：李经理

◎发件人：张小姐

◎日期：12月1日

◎主题：关于12月上旬的工作

★12月1日：制作工作计划

★12月4日：出差到上海

★12月7日：到市场做调查

★12月10日：向总经理做销售报告

图 1-29 备忘录样文

5. 制作春节放假通知

使用 Word 即点即输文字输入功能制作一个通知，如图 1-30 所示。

关于2013年春节放假通知

全体员工：

　　2013年春节将至，在这一年度中经过董事会和全体员工的共同努力，取得了很多喜人的成就，在此，董事会向全体员工表示衷心感谢，预祝大家新年快乐！

　　现将公司今年春节放假安排通知如下：

　　2月3日-2月9日（即农历初一至初七）放假，共7天。其中3日、4日、5日为法定假期，将12日（星期六）、13日（星期日）、19日（星期日）三个公休日分别调至7日（星期三）、8日（星期日）、9日（星期五）。

萝卜科技宣传部

2013年1月15日

图 1-30 放假通知样文

项目2 设置文档格式

- 熟练掌握设置文本格式的方法。
- 熟练掌握设置段落格式的方法。
- 熟练掌握设置项目符号和编号的方法。
- 熟练掌握设置边框和底纹的方法。
- 熟练掌握设置页面的方法。

任务1 制作活动宣传文档

任务目标

本任务的目标是通过对文本格式的设置来制作一篇宣传文档，通过掌握设置文本格式的基本操作，包括设置字体、字号、颜色、文本效果和字符间距等。最终效果如图2-1所示。

勤剪接约

1月1日 **盛大开业**

优惠活动进行中……

烫发 **49** 元起

染发 **39** 元起

洗剪吹 **15** 元

一次性消费满 **100** 元以上者

赠价值 99 元护理一套和积分卡

在本店消费 20 元以上免费盘发

图 2-1　宣传单样文

专业背景

活动宣传单就是将活动内容以文本的形式表现在纸张上，通过各种设置使文本醒目和直观。宣传单具有以下优点，即派发简单易行且传播速度快；宣传范围广、见效迅速、直观性强、说服力高、多人传阅、宣传信息准确、反复性强、容量无限、持久保存。

1. 输入文本

1）新建 Word 文档，命名为"任务 1　制作活动宣传文档"。

2）设置字号为"一号"，然后再输入文本。

2. 设置字体格式

1）选中"勤剪接约"文本，单击"字号"快捷工具栏 微软雅黑·72 ，在字号中选择或直接输入"72"。

2）在"字形"快捷工具栏 B I U· 中单击"倾斜"按钮，在"段落"功能组中单击"居中"按钮 ▦▦▦▦ 。

3）单击"字体颜色"快捷工具栏 ᵃᵇ A· A̲· 中的相应按钮，选择"红色"。

4）单击 ▫ ，打开"字体"对话框，在"效果"选项组中选择"阴影"复选框，如图 2-2 所示。

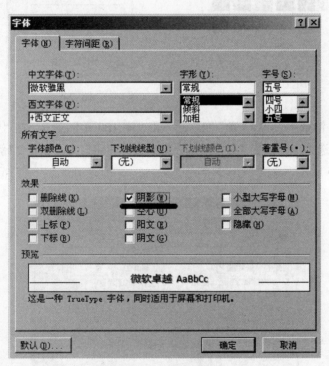

图 2-2　字体对话框

5）按住<Shift>键选中"盛大开业"和"优惠活动"文本。在"字形"快捷工具栏 B I U· 中，单击"加粗"按钮，设置字号为"初号"。

6）选中"进行中……"文本，设置字号为"小初"，字形为"倾斜"。

7）按住<Ctrl>键选中"49""39""15 元"和"满 100 元"文本，设置为"小初""加粗""红色"。

8）按住<Ctrl>键选中"赠""99 元护理一套""积分卡"和"免费"文本，设置为"红色"。

9）选中最后一行文本，设置"字体"为"华文琥珀"。

3．设置文本效果

1）选中"赠"和"盛大开业"文本，设置"字体"为"华文隶书"，设置"字号"为"48"。

2）设置"突出显示文本"为"灰色-25%"，如图 2-3 所示。

3）选中"1 月 1 日"文本，单击"下画线"右侧的下拉按钮，选择"点-短线下画线"，如图 2-4 所示。

图 2-3　　　　　　　　图 2-4

4）按住<Ctrl>键选中"49""39""15 元"和"满 100 元"文本，在"字体"对话框中切换至"字符间距"选项卡，设置"缩放"为"90%"，"间距"为"加宽 2 磅"，"位置"为"提升 3 磅"，如图 2-5 所示。

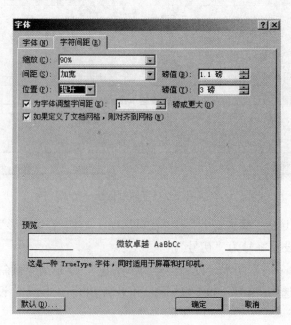

图 2-5

任务 2 制作旅行社景点介绍文档

任务目标

本任务的目标主要是利用设置段落、项目符号和编号来美化文档，以达到突出重点的作用，效果如图 2-6 所示。

心自由旅行社介绍

心自由旅行社是一家创办较早的旅游企业，承办观光休闲、探险露营、自驾车旅游等项目。下设接待部、财务部和市场开发部等多个部门。同时还有票务中心。丽江古城是我社重点推出的景点。

1.丽江古城介绍

云南省的丽江古城真实、完美地保存和再现了古朴的风貌。古城的建筑历经多个朝代的洗礼，饱经沧桑。融汇了多个民族的文化特色而声名远扬。至今仍保留有古老的给排水系统。1997年12月4日，在意大利那不勒斯召开的联合国教科文组织世界遗产委员会第21次全体会议上，被列入《世界遗产名录》。

2.丽江古城旅行价格

以下价格不含机场建设费(50元/人)及燃油附加费(20元/人)，不含机票费，不含空中保险。十一黄金周散客价格(9月30日～10月6日)：

- 标准：2000元　豪华：2360元　超豪华：2820元　顶级超豪华：3900元
- 20人以上标准：1500元　豪华：1650元　超豪华：1900元　顶级超豪华：2600元
- 10～19人标准：1780元　豪华：1880元　超豪华：2180元　顶级超豪华：2680元
- 4～9人标准：2080元　豪华：2250元　超豪华：2450元　顶级超豪华：3080元
- 2～3人豪华：3380元　超豪华：3580元　顶级超豪华：4180元

3.丽江古城旅游行程

丽江古城七日游行程：

- 第一天：乘机飞往昆明，机场专业导游鲜花接机。入住酒店。
- 第二天：早餐后乘车赴大理。途中浏览大理古城和洋人街，浏览时间为50分钟。乘坐汽车丽江浏览高原"姑苏"城市丽江古城和四方街。
- 第三天：早餐后，前往玉龙宵山名胜景区。乘云杉坪索道浏览玉龙风貌；游甘海子牧场、白水河，宣月谷(乘电车自费)；浏览玉水寨、东马谷、黑龙潭；自费品尝丽江风味小吃。
- 第四天：早餐后，乘坐汽车大理，浏览白族民居，欣赏(三道茶)歌舞表演，浏览崇圣寺三塔。
- 第五天：早班飞西双版纳浏览森林公园(不含电车)漫步热带沟谷雨林奇观，大型民族歌舞表演。
- 第六天：野象谷一日游(不含索道费)，晚上乘机飞往昆明。
- 第七天：早餐后，前往鲜花市场。自由逛花市，浏览时间40分钟。结束愉快旅程。

4.丽江古城旅游注意事项

1) 最好参加旅行社组织的团队，住房和安全才有保证。
2) 年老体弱者，应备好常用药品，请带足保暖防寒衣物。
3) 爱好摄影、登山的朋友，请带好有关器材，注意户外保暖。
4) 古城内各主要浏览点都有较隐蔽的厕所和垃圾桶，请您在游览过程中积极配合，加强自身的环保意识。
5) 请尊重当地少数民族的生活和信仰，避免与当地居民发生冲突，购物时最好能听从导游人员的建议，以免发生不必要的纠纷。
6) 不要投食喂鱼，为确保安全，最好在导游人员的隔同下浏览，以免造成意外事故。
7) 爱护景区一草一木，注意景区环保，听从管理人员安排，有困难及时与管理人员联系。

图 2-6 旅行社样文

1. 设置段落

1）打开素材文档。按<Ctrl+A>组合键选中全部文本，打开"段落"对话框，如图 2-7 所示，在"缩进"选项组中设置"左侧""右侧"各为"1 字符"。

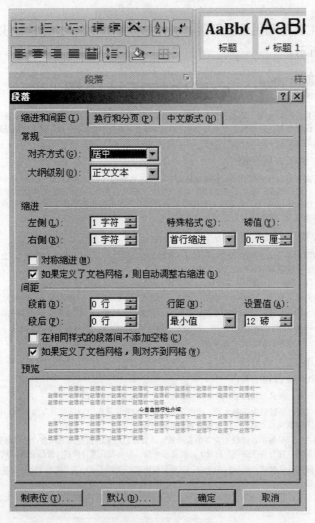

图 2-7　"段落"对话框

2）选中相应的文档段落，设置"特殊格式"为"首行缩进"。设置后的段落，首行前有 2 个字符的空格，如图 2-8 所示。

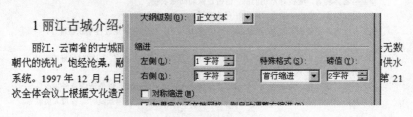

图 2-8

2．设置项目符号

1）选中相应的文本，打开"项目符号"下拉列表，可以从"最近使用过的项目符号""项目符号库"选项组中选择项目符号，也可单击"定义新项目符号"选项，如图 2-9 所示。

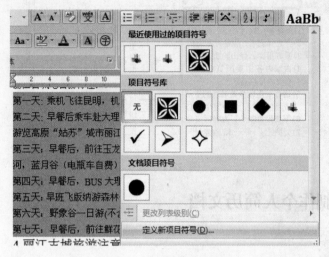

图 2-9　项目符号和编号

2）在弹出的"定义新项目符号"对话框中单击"符号"按钮，如图 2-10 所示，打开"符号"对话框，选择对应的项目符号。

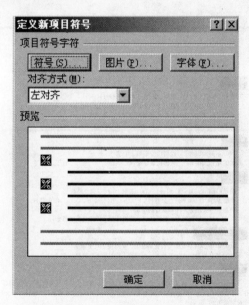

图 2-10　"定义新项目符号"对话框

3．设置编号

1）选中相应的文本，打开"编号"下拉列表，选择相应的编号，如图 2-11 所示。

2）如果在"编号库"中没有的编号，则可以通过"定义新编号格式"来完成操作。

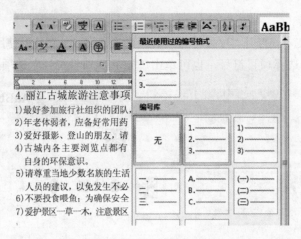

图 2-11　编号

任务 3　制作个人简历文档

任务目标

　　本任务的目标是制作一份个人简历文档，利用页面设置、设置边框和底纹、水印的方法来美化文档，效果如图 2-12 所示。

图 2-12　个人简历样文

1. 页面设置

1）在"页面布局"选项卡中打开"页面设置"对话框，如图 2-13 所示。

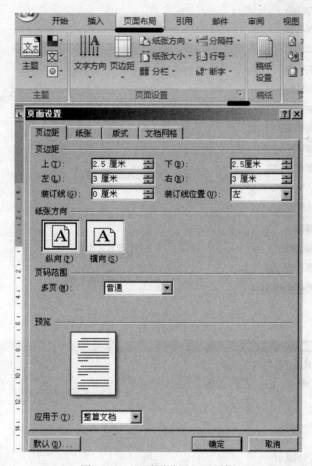

图 2-13　"页面设置"对话框

2）设置"页边距"，"上""下"为"2.5 厘米"，"左""右"为"3 厘米"。

2. 设置边框

（1）设置边框

1）选中"个人情况"和下面的文本。在"段落"功能组中单击"添加边框"下拉按钮，在下拉菜单中选择"边框和底纹"，打开该对话框，如图 2-14 所示。

2）在"设置"中单击"自定义"选项，样式选择"双线"，在"颜色"下拉列表框中选择"黑色，文字 1，淡色 25%"。

3）在"宽度"下拉列表框中选择"1.5 磅"。在"预览"选项组中单击"下框线"按钮，为该部分文本添加下框线。

（2）设置页面边框

1）在"边框和底纹"对话框中，切换至"页面边框"选项卡，如图 2-15 所示。

2）在"艺术型"下拉列表框中，选择相应的样式。

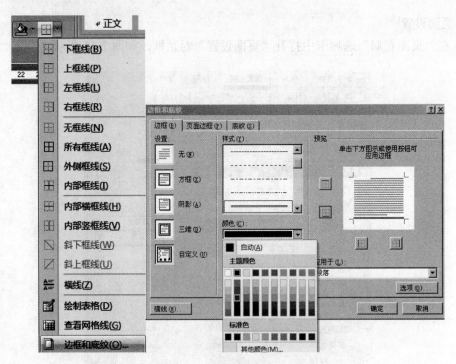

图 2-14 "边框和底纹"对话框

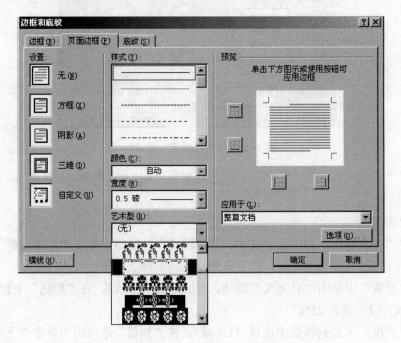

图 2-15 选择边框线

3. 设置底纹

1）选中"个人情况"文本，打开"边框和底纹"对话框，切换至"底纹"选项卡如图 2-16 所示。

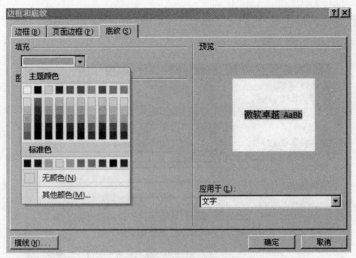

图 2-16　选择底纹

2）在"填充"下拉列表框中选择"白色，背景 1，深色 25%"。在"预览"选项组的"应用于"下拉列表框中选择"文字"。

3）用相同的方式为其他文本添加底纹。

4. 设置水印

1）在"页面布局"选项卡中，单击"水印"按钮，在弹出的下拉菜单中选择"自定义水印"命令，如图 2-17 所示。

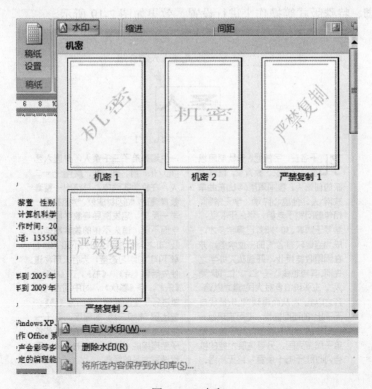

图 2-17　水印

27

2）在"水印"对话框中选中"文字水印"单选按钮，设置"字号"为"72"，如图 2-18 所示。

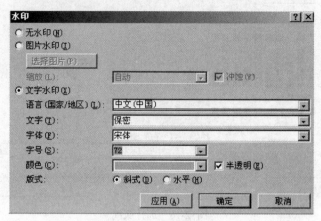

图 2-18　自定义水印

任务4　制作人物介绍

任务目标

本任务的目标是对一份人物介绍进行编辑排版，使文档更清楚，并富有条理。利用页面大小、页眉页脚、特殊版式等操作来进行设置。效果如图 2-19 所示。

孔圣人人物介绍

——孔　子

孔子名丘，字仲尼。春秋期思想家、政治家、教育家，儒学学派的创始人。鲁国陬邑(今山东曲阜东南)人。他虚心好学，学无常师，相传曾问礼于老聃，学乐于苌弘，学琴于师襄。30 岁时，已博学多才，成为当地较有名气的一位学者，并在阙里收徒授业，开创私人办学之先河。其思想核心是"仁"，"仁"即"爱人"。主张统治者对人民"道之以德，齐之以礼"，从而再现"礼乐征伐自天子出"的西周盛世，进而实现他一心向往的"大同"理想。孔子曾带领弟子周游列国，另寻施展才能的机会，此间"干七十余君"，终无所遇。

一生培养弟子三千余人，身通六艺(礼、乐、射、御、书、数)者七十二人。在教学实践中，总结出一整套教育理论，如因材施教、学思并重、举一反三、启发诱导等教学原则和学而不厌、诲人不倦的教学精神，及"知之为知之，不知为不知"和"不耻下问"的学习态度，为后人所称道。他先后删《诗》、《书》，订《礼》、《乐》，修《春秋》，对中国古代文献进行了全面整理。老而喜《易》，曾达到"韦编三绝"的程度。孔子一生的主要言行，经其弟子和再传弟子整理编成《论语》一书，成为后世儒家学派的经典。

图 2-19　人物介绍样文

28

1. 设置纸张大小及格式

1）设置纸张大小为"16 开"，即 18.4cm×26cm，如图 2-20 所示。

图 2-20 进行页面设置

2）选中标题"圣人"文本，设置"居中" ，"字体"为"微软雅黑"，"字号"为"小二"，加粗。

3）选中标题"圣人"文本，设置"字符缩放"为"200%"，并添加"字符边框" ，如图 2-21 所示。

图 2-21 中文版式

4）将副标题"——孔子"放在合适位置，并且设置"孔子"的格式为"宋体""三号"，字符间距加宽 5 磅。

2. 设置分栏

1）在"页面布局"选项卡的"页面设置"功能组中，单击"分栏"按钮打开下拉菜单，选择"更多分栏"，如图 2-22 所示。

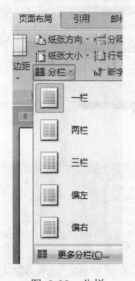

图 2-22　分栏

2）在"分栏"对话框中，将正文分为"两栏"，选择"分隔线"复选框，添加分隔线，如图 2-23 所示。

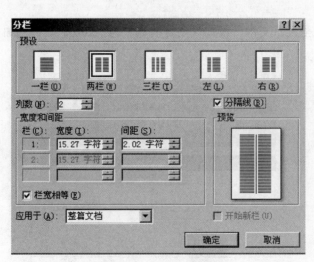

图 2-23　自定义分栏

3. 设置首字下沉

在"插入"选项卡的"文本"功能区中，单击"首字下沉"下拉按钮，单击"首字下沉选项"。设置"位置"为下沉，"字体"为"微软雅黑"，"下沉行数"为"2"，"距正文"

为"0 厘米",如图 2-24 所示。

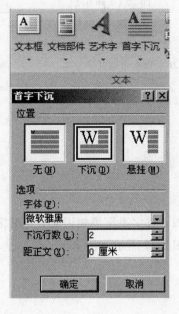

图 2-24 首字下沉

4. 设置页眉页脚

1）切换至"插入"选项卡，在"页眉和页脚"功能组中单击"页眉"下拉按钮。在下拉菜单中选择"边线型"。

2）输入文字"孔圣人人物介绍"，如图 2-25 和图 2-26 所示。

图 2-25 页眉和页脚

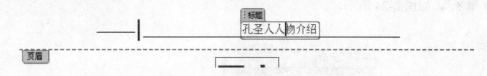

图 2-26 输入页眉文字

实训

1. 设置投标书文档

实训目标

本实训要利用设置页边距、页眉页脚、首字下沉等知识来美化编辑投标书文档，让该文档重点明确，达到一目了然的效果，如图 2-27 所示。

分析

1）设置页边距，上、下为 2.5 厘米，左、右为 3.1 厘米。
2）设置页面纸张大小为 A4。
3）插入页眉，"半岛家园物业管理投标书"，设置字体为黑体，字号为五号。
4）插入页脚，现代型（奇数页）。
5）设置文章正文首字下沉，字体为华文琥珀，下沉行数为 4，距正文为 1 厘米。
6）为正文分栏，两栏，加分隔线。

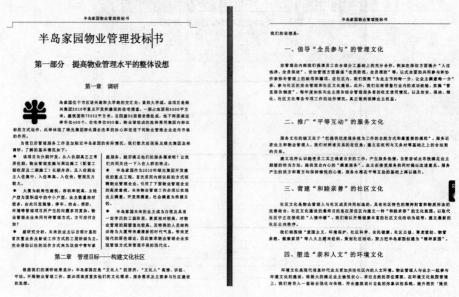

图 2-27 投标书样文

2. 制作精美诗词

实训目标

利用文字排列等对文档进行设置，让该诗词文档显得典雅美观。效果如图 2-28 所示。

多情却被无情恼。
笑渐不闻声渐悄，
墙里佳人笑。
墙外行人，
墙里秋千墙外道。
天涯何处无芳草！
枝上柳绵吹又少，
绿水人家绕。
燕子飞时，
花褪残红青杏小。
蝶恋花

图 2-28　诗词样文

分析

1）设置纸张大小为 32 开。

2）在"页面设置"对话框的"文档网格"选项卡中，设置文字排列方向为"垂直"，如图 2-29 所示。

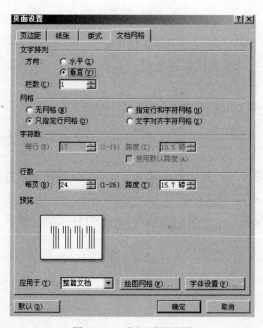

图 2-29　进行页面设置

33

3）设置文本字体为华文行楷，字号为三号。

3. 制作文章摘要

效果如图 2-30 所示。

摘　要

　　本文在分析国内外机器人技术在微小创伤外科手术领域的应用前提下，提出了计算机辅助纤维内镜外科手术医疗系统的设计思想。在介绍其概念设计后，详细地阐述了计算机辅助纤维内镜外科手术医疗系统中注射操作器和手柄操作器两大部分的控制系统软、硬件开发的设计思桢、原理和实现方法，以及对计算机辅助注射操作器整体性能的测试和分析。

　　本文中计算机辅助注射操作器和手柄操作器的驱动采用了步进电机，电机运动控制采用的是基于板卡的运动操制卡，控制软件是用Visual c++开发的。

　　计算机辅助注射操作器和手柄操作器这两部分的研制实现了对纤维内镜手术中显影剂注射和内镜手柄旋钮的遥操作。使医生远离了带有X射线的工作环境，减少了射线对医生的伤害和医生的劳动强度，有利于减少手术时间和提高手术的质量。

　　通过本项目的研究，将探索机器人应用于纤维内镜外科手术的实际问题，弥补国内外在该领域的研究空白，促进手术技术的发展，在改善医生工作环境的同时推动我国机器人技术在实际应用领域的深入发展。

关键词：机器人　纤维内镜　注射操作器　手柄操作器　步进电机

图 2-30　摘要样文

1）设置标题"摘要"两字为三号黑体、居中。
2）设置标题"摘要"两字为段后距 1 行。
3）设置正文文本首行缩进 2 字符。
4）设置正文文本段落为 1.5 倍行距。
5）设置最后一行的段前距为 1 行。

4. 制作教学课件文档

打开素材"实践与提高二：制作教学课件文档"，按照样文进行操作。

5. 神奇的九寨沟

打开素材"实践与提高三：神奇的九寨沟"，按照样文进行操作。

项目3 美化编辑文档

学 习 目 标

- 掌握 Word 2007 表格的应用。
- 掌握 Smart Art 工具的操作。
- 掌握 Word 2007 艺术字的操作。
- 掌握 Word 2007 文本框的操作。
- 掌握 Word 2007 公式的操作。

◉ 任务1 制作办公用品申领计划表

任务目标

本任务的目标是通过插入并设置表格来制作一个办公用品申领计划表。通过练习掌握插入表格的基本操作和设置表格，包括插入和绘制单元格，合并与拆分单元格，设置表格的行高、列宽、边框和底纹等操作。

专业背景

本任务在操作时需要了解办公用品申领表的作用，即确定办公用品的用处，以方便单位管理办公用品和及时补缺。表格的列表方式一目了然，有利于归类。最终效果如图3-1所示。

1. 新建文档

新建文档，输入文本。设置表格标题"办公用品申领计划表"文本为隶书、小二。

2. 插入表格

1）插入表格：10行，10列。操作步骤如图3-2和图3-3所示。

2）输入相应的文本。设置表格行表头（即表格横排第一行）为楷体、五号。设置表格内容文本为黑体、小四。

3. 绘制不规则表格框线

不规则表格框线的效果如图3-4所示。

1）使用"设计"选项卡的"绘制表格"按钮进行手动绘制，如图3-5所示。

2）使用"布局"选项卡的合并、拆分等相应的按钮进行操作，如图3-6所示。

4. 设置边框和底纹

1）通过"设计"选项卡的"边框"下拉按钮进行设置，或者在"开始"选项卡的"段落"功能组中单击"边框"下拉按钮进行设置，如图 3-7 所示。

办 公 用 品 申 领 计 划 表

部门：　　　　　　　　　　　　　　　　　　　　　　　　年　月　日

名　称	编　号	数　量	单　价	金　额	名　称	编　号	数　量	单　价	金　额
文具盒					卷尺				
荧光笔					固体胶水				
白板笔					票夹				
签字笔					文件夹				
圆珠笔					文件箱				
铅笔					大透明胶				
账簿					大双面胶				
硬面抄					档案袋				
软面抄					资料袋				
说　明	1.按分配额度，各部门自行控制费用。2.本表需计算机编辑打印，手写无效；3.如领用的物品栏上没有，请在空格处加上。		经办人		部门负责人		部门意见		本次领用合计（元） 备　注

图 3-1　申领计划表样文

图 3-2　插入表格

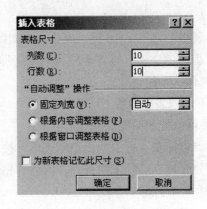

图 3-3　自定义表格大小

图 3-4　绘制表格框线

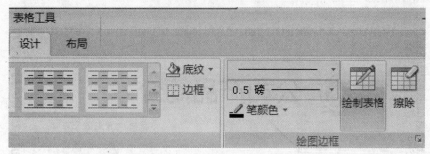

图 3-5　使用表格设计工具栏

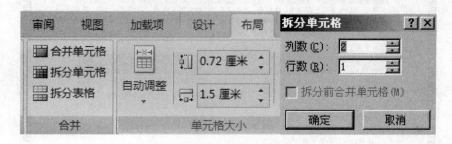

图 3-6　使用表格布局工具栏

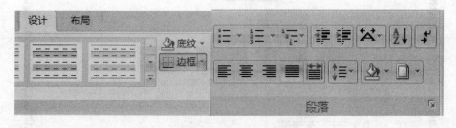

图 3-7　使用设计工具栏对框线进行设置

2）设置表格外框线为双线，相应的表格底纹为"深蓝、文字 2、淡色 60%"。效果如图 3-8 所示。

名　称	编　号	数　量	单　价	金　额	名　称	编　号	数　量	单　价	金　额
文具盒					卷尺				

图 3-8　框线样式

任务 2 制作产品介绍文档

任务分析

本任务的目标是运用在文档中插入图片和图形的相关知识，制作一个产品介绍文档，最终效果如图 3-9 所示。

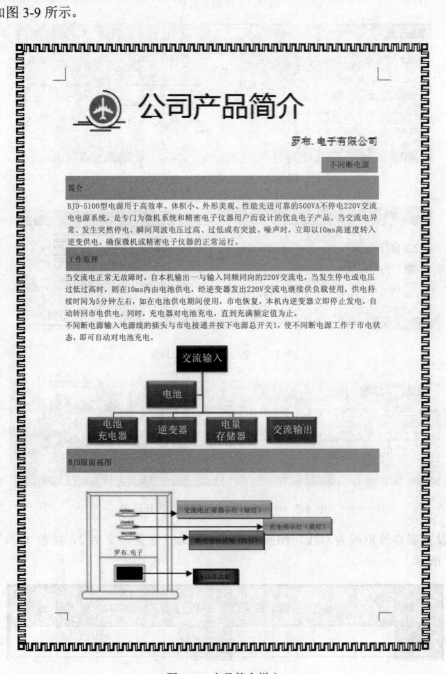

图 3-9 产品简介样文

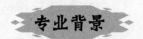

专业背景

本任务的操作中需要了解制作产品简介的作用与方法，产品简介可以让用户了解产品的功能和特点。产品介绍具有说明性和指导性，同时产品介绍是每个产品都必不可少的部分，所以产品介绍在各个行业的办公中是非常重要的。一般需要将产品的使用方法、产品的组成部分和产品的特点都介绍在文档中，制作时要注意条理清晰、内容明确。

1. 插入产品图片

插入图片，如图3-10所示。

1）单击"插入"选项卡中的"图片"按钮，如图3-11所示。

图 3-10 插入图片 　　　　　　　图 3-11 单击"图片"按钮

2）选择"素材"中的相应图片插入，并且调整大小。

2. 插入剪贴画

1）单击"插入"选项卡中的"剪贴画"按钮，如图3-12所示，打开"剪贴画"任务面板。

2）在"搜索文字"中输入"符号"进行搜索。单击需要的剪贴画，即可将剪贴画插入文档中。切换至"格式"选项卡，在"排列"功能组中单击"文字环绕"按钮，设置该剪贴画为"浮于文字上方"。效果如图3-13所示。

图 3-12 插入剪贴画 　　　　　　图 3-13 设置浮于文字上方

3. 使用 SmartArt 工具

制作工作原理流程图，效果如图 3-14 所示。

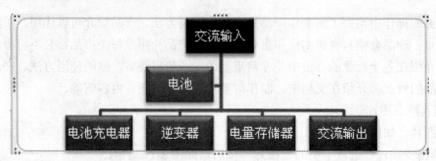

图 3-14　SmartArt图表

1）按照样文中的相应位置，按<Enter>键，单击"插入"选项卡中的 SmartArt 按钮，如图 3-15 所示。

图 3-15　"SmartArt"工具

2）在"层次结构"选项中选择"组织结构图"，单击"确定"按钮，如图 3-16 所示。选中右下角最后一个文本框，右击，在弹出的快捷菜单中选择"添加形状"→"在后面添加形状"。

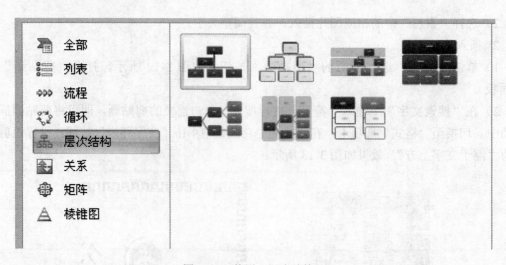

图 3-16　使用"层次结构"

3）输入相应的文本。

4）选择一个图形，在"格式"选项卡的"形状样式"功能组中，单击"其他"按钮，如图 3-17 所示，为该图形选择一个样式，并且为其他图形也应用样式。

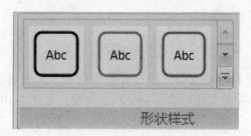

图 3-17   使用"形状样式"

注意：

插入 SmartArt 图形后，用户可以编辑单个 Smart Art 图形，也可以向图形中添加图片，还可以对图形进行旋转、移动和删除等操作。

4. 使用自选图形添加图注

切换至"插入"选项卡，在"插图"功能组中单击"形状"下拉按钮，在弹出的下拉菜单中选择要插入的自选图形，这里选择"箭头"，如图 3-18 所示，在文档的适当位置绘制箭头。

图 3-18   插入形状

绘制其他图片，并且利用"格式"选项卡，设置"形状样式"。

任务3 制作公司周年庆请柬

任务目标

本任务的目标主要是利用在文档中添加并设置艺术字和使用文本框等相关知识来美化公司周年庆文档，以满足在办公中制作不同文档的需要，如图3-19所示。

图 3-19 请柬样文

专业背景

本任务中需要了解制作请柬的作用及注意事项，请柬又称请帖，是为了邀请客人参加某项活动而发送的礼仪性书信，其作用在于既可表示对被邀请者的尊重，又可表示邀请者对此事的郑重态度。在制作时应注意艺术性，用词谦恭、庄重，在纸质、款式和装帧设计上应美观、大方、精致，充分表现出邀请者的热情与诚意。

1. 添加艺术字

1) 在"插入"选项卡的"文本"功能组中单击"艺术字"按钮，打开艺术字下拉菜单，选择"艺术字样式3"，如图3-20所示。

图 3-20 插入艺术字

2）打开"编辑艺术字文字"对话框，输入"请柬"两字。设置字体为"隶书"，字号为"36"。

3）单击"排列"功能组中的"文字环绕"按钮，在弹出的下拉菜单中选择"浮于文字上方"，如图 3-21 所示。

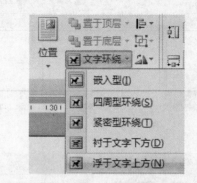

图 3-21　设置文字环绕方式

4）单击"艺术字样式"功能组中的"形状填充"按钮，在弹出的下拉菜单中选择"深红"，如图 3-22 所示。

图 3-22　进行形状填充

5）单击"艺术字样式"功能组中的"形状轮廓"按钮，在弹出的下拉菜单中选择"黄色"。

6）单击"艺术字样式"功能组中的"更改形状"按钮，在弹出的下拉菜单中选择"腰鼓"。

7）单击"阴影效果"功能组中的"阴影效果"按钮，在弹出的下拉菜单中选择"阴影样式 7"。

2. 使用文本框

1）在"插入"选项卡的"文本"功能组中单击"文本框"按钮，打开下拉菜单，如图 3-23 所示，选择"绘制文本框"，并且在合适位置进行绘制。

2）在该文本框中输入文字"立远科技"，设置字体为"华文隶书"，字号为"小二"。插入名为"周年庆"的图片，并且调整大小。

3）在"文本框样式"功能组中单击"其他"按钮，在弹出的下拉菜单中选择"对角渐变－强调文字颜色 6"，如图 3-24 所示。

3. 设置背景

1）绘制一个文本框，要求覆盖所有文本。

2）插入名为"背景"的图片。在"调整"功能组中单击"重新着色"按钮，在弹出的下拉菜单中选择"浅色变体"选项组的"强调文字颜色4浅色"，如图3-25所示。

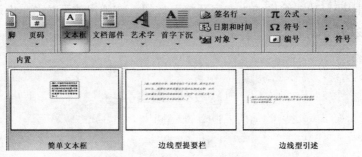

图 3-23　插入文本框

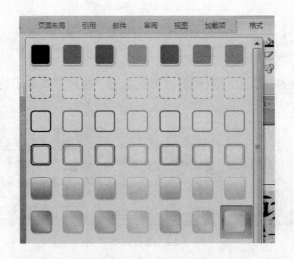

图 3-24　设置文本框样式

图 3-25　重新着色

3）设置该文本框的排列为"衬于文字下方"。

任务 4　制作数学试卷

任务目标

本任务的目标是利用输入特殊字符和字母以及使用公式编辑器，制作一个数学试卷文档，通过练习掌握公式编辑器的使用方法，操作结果如图 3-26 所示。

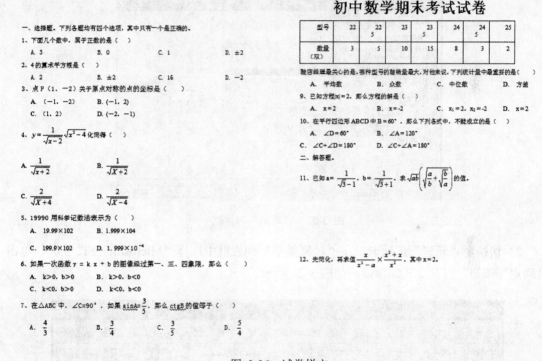

图 3-26　试卷样文

专业背景

在学校要经常制作试卷；在公司汇报数据中，要经常使用公式、特殊数学符号进行演示，因此，使用公式编辑器来进行公式的编辑，也成为办公的必备技能之一。

1. 输入试卷内容

1）新建一个空白文档，设置页边距的"上""下"为"2 厘米"，"左""右"为"1.75 厘米"。

2）设置纸张为"自定义大小"，"宽度"为"36.8 厘米"，"高度"为"26 厘米"。

3）输入文本。设置标题"初中数学期末考试试卷"为"宋体""一号""居中"。将试卷分为"两栏"。

4）A、B、C、D 各选项间不能使用空格，要使用<Tab>键制表位来填补间距，达到对齐的效果。

2. 使用公式编辑器

1）切换至"插入"选项卡，在"文本"功能区中单击"对象"按钮，打开"对象"对话框，如图 3-27 所示。

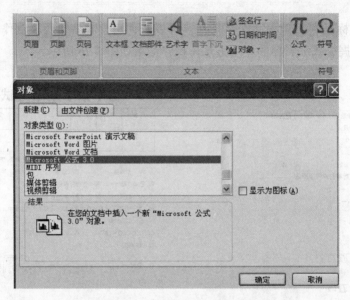

图 3-27 "对象"对话框

2）切换至"新建"选项卡，在"对象类型"列表框中选择"Microsoft 公式 3.0"，单击"确定"按钮，打开公式编辑器，如图 3-28 所示。

图 3-28 公式编辑器

3）利用公式编辑器对试卷进行编辑。

◉ 实训

1. 员工工资收入表

实训目标

利用表格来制作员工工资收入表，为表格添加边框和底纹，对表格格式进行设置操作，来达到美化收入表的目的。效果如图 3-29 所示。

君杰科技公司员工收入表			元（RMB）
姓名		月工资	月奖金	年终奖
李明	010	2000	1000	10000
赵世杰	011	1500	1200	15000
张喜	012	1500	1100	13800
秦莉	013	2100	1300	10000
王同	014	1600	1500	12000
总计		8700.00	6100.00	60800.00

图 3-29　收入表样文

分析

1）设置纸张大小为 16 开。

2）插入表格，输入内容。

3）设置边框和底纹。

4）对表格内容进行格式设置。

2. 制作图书结构图表

实训目标

利用 SmartArt 图形制作图书结构图表，通过对不同层次的图表进行不同的格式操作来突出显示分层、主次，效果如图 3-30 所示。

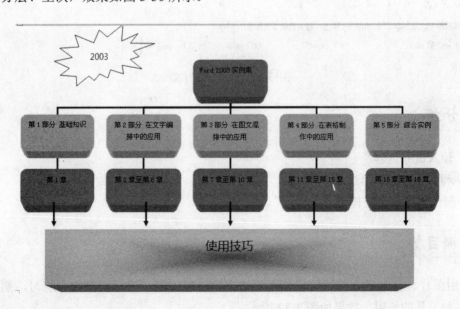

图 3-30　结构表样文

47

分析

1）插入形状，并且进行输入。

2）插入 SmartArt 图形，并且输入相应的内容。

3）对 SmartArt 图形进行编辑。

3. 制作模拟试题

实训目标

本实训要求利用公式编辑器的相关知识，制作数学试卷文档，如图 3-31 所示。

成人高等学校招生统一考试复习模拟试卷数学（理）全真模拟试卷（三）

第I卷（选择题　　共85分）

1. 设 $M = \{1\}$，$S = \{1,2\}$，$P = \{1,2,3\}$，则 $(M \cup S) \cap P$ 是（　　）

　　（A）$\{1,2,3\}$　　　（B）$\{1,2\}$　　　（C）$\{1\}$　　　（D）$\{3\}$

2. 复数 $i^{25} + i^{80} + i^{51} + i^{40}$ 的值等于（　）

　　（A）i　　　（B）2　　　（C）$-i$　　　（D）-1

3. 若函数 $f(x) = x^2 + 2(a-1)x + 2$ 在 $(-\infty, \ 4]$ 上是减函数，则（　　）

　　（A）$a = -3$　　　（B）$a \geq 3$　　　（C）$a \leq -3$　　　（D）$a \geq -3$

4. 设 $\tan a = 2$ 且 $\sin < 0$，则 $\cos a$ 的值等于（　　）

　　（A）$\dfrac{\sqrt{5}}{5}$　　　（B）$-\dfrac{1}{5}$　　　（C）$-\dfrac{\sqrt{5}}{5}$　　　（D）$\dfrac{1}{5}$

5. 等差数列 $\{a_n\}$ 中，前 4 项之和 $S_4 = 1$，前 8 项之和 $S_8 = 4$，则 $a_{17} + a_{18} + a_{19} + a_{20} =$（　　）

　　（A）7　　　（B）8　　　（C）9　　　（D）10

6. 不论 m 为何值直线 $(m-1)x - y + 2m + 1 = 0$ 恒通过一定点这个定点为（　　）

　　（A）$(2,3)$　　　（B）$(-2,3)$　　　（C）$(1, -\dfrac{1}{2})$　　　（D）$(-2,0)$

7. 从 10 个人中选出 5 人去分担 5 种不同的工作，若某甲一定当选但不能担任 5 种工作中的某一种，则不同的选法的种数为（　　）

　　（A）$P_9^4 P_5^4$　　　（B）$C_9^4 P_5^4$　　　（C）$C_9^4 P_5^4 - P_4^4$　　　（D）$C_9^4 P_4^4$

8. 在 $Rt \triangle ABC$ 中，已知 $C = 90°$，$B = 75°$，$c = 4$，则 b 等于（　　）

　　（A）$\sqrt{6} + \sqrt{2}$　　　（B）$\sqrt{6} - \sqrt{2}$　　　（C）$2\sqrt{2} + 2$　　　（D）$2\sqrt{2} - 2$

9. 已知椭圆 $\dfrac{x^2}{5m-6} + \dfrac{y^3}{m^2} = 1$ 的焦点在 y 轴上，则 m 的取值范围是（　　）

　　（A）$m < 2$ 或 $m > 3$　　　（B）$2 < m < 3$　　　（C）$m > 3$　　　（D）$m > 3$ 或 $\dfrac{6}{5} < m < 2$

图 3-31　模拟试题样文

分析

1）输入试卷内容。

2）利用公式编辑器进行编辑。

4. 制作食品安全宣传单

实训目标

利用图片、艺术字、分栏等操作，对该文档进行编辑，进行文档综合练习，熟练掌握 Word 多种工具的使用，效果如图 3-32 所示。

食 品 安 全

(一)什么是食品安全？

食品安全(food safety)指食品无毒、无害，符合应当有的营养要求，对人体健康不造成任何急性、亚急性或者慢性危害。根据世界卫生组织的定义，食品安全是"食物中有毒、有害物质对人体健康影响的公共卫生问题"。食品安全也是一门专门探讨在食品加工、存储、销售等过程中确保食品卫生及食用安全，降低疾病隐患，防范食物中毒的一个跨学科领域。

食品相关产品的致病性微生物、农药残留、金属、污染物质以及其他危害人体健康物质的限量规定。

(二)标准内容：

- 食品添加剂的品种、使用范围、用量。
- 专供婴幼儿的主辅食品的营养成分要求。
- 对与营养有关的标签、标识、说明书的要求。
- 与食品安全有关的质量要求。
- 食品检验方法与规程。
- 其他需要制定为食品安全标准的内容。

(三)食品安全问题的本质

食品安全问题的本质是信息不对称下的逆向选择。目前农产品市场的现状是一种"吃了不倒"的低水平均衡，因为信用品的质量安全属性没有参与交易。即消费者购习使用农产品之后也不能了解其质量信息，如农药残留、重金属污染等，所以面临严重的信息不对称，从而导致逆向选择而造成市场失灵，优质不能优价。

我们的探索和努力实质上就是应对农产品信息不对称逆向选择的一系列制度安排，包括信号传递机制、声誉机制、重复博弈等，在农村源头建立起一道食品安全防火墙。

整个价值链交易成本畸高，我们有两种路径选择，一种路径就是以中粮为代表的全产业链，将外部交易变成内部交易，另一种路径就是以乡土乡亲为代表的建立声誉机制和透明供应，降低监管和交易成本。

图 3-32　质量安全样文

分析

1）设置标题，将标题设置为楷体、初号、加粗，字符间距为加宽 10 磅，居中。

2）将"什么是食品安全？""标准内容""食品安全问题的本质"三行按样文设置编号，四号、加粗，将"标准内容"下的内容按样文设置项目符号。

3）将正文设置为微软雅黑，首行缩进 2 个字符，行距为固定值 23 磅。

4）为"（二）标准内容"部分的上下设置边框，如样文所示，格式为红色、3 磅。

5）插入艺术字"标准内容"，艺术字样式 16，字体为隶书、24 号，格式为竖排文字，文字环绕方式为紧密型。

6）插入图片"质量安全"，调整大小为高 5 厘米、宽 4 厘米，并按样文放置在正文第一段左边，环绕方式为四周型。

7）将最后两段分为两栏，加分隔线。

8）将最后两段设置底纹，设置为水绿色、强调文字颜色 5、淡色 40%。

9）按样文添加橙色的"食品安全"水印，字体为华文行楷、72 号，颜色为白色、背景1、深色 50%。

5. 课程表

根据样文，制作课程表，效果如图 3-33 所示。

2003－2004 学年第一学期课程表

节	星期一	星期二	星期三	星期四	星期五
1 2	可编程 PC	微机原理	自习	单片机开发	自习
3 4	单片机开发	自习	体育	微机原理	机电系统设计
5	自习	CAD\CAM 技术	英语	计算机网络技术	法律

图 3-33　课程表样文

1）设置纸张大小为宽 18 厘米、高 12 厘米。

2）标题为小三号、黑体、居中。

3）表格中内容居中。

4）表格自动套用格式，设置为竖列型 5。

5）设置外边框为橙色。

6. 产品销售表

根据样文，制作产品销售表，效果如图 3-34 所示。

杰臣科技公司 2003 年第一季度产品销售表

单位：万元

	1 月份	2 月份	3 月份	4 月份
步进电机	10	8	11	.7
收银系统	8	6	7	9
电量检测系统	5	5	5.3	6
单片机开发系统	10	10	9.8	9
PLC	10	8	9	8.3

图 3-34　销售表样文

1）设置纸张大小为 16 开。

2）标题为小三号、黑体、居中。

3）表格内容为居中。

7. 考试座次安排表

根据样文，制作考试座次安排表，效果如图 3-35 所示。

371002 班考试座次安排（2002～2003 学年）

赵兵	李雪	王强	王丽
刘华	梁琼	唐东	林莉
张萍	李杰	路西	张东
廖梅	罗冬梅	张小君	赵强
沈明	黄星星	李西化	刘明喜

图 3-35　座次表样文

8. 制作申报表文档

根据样文，制作申报表，效果如图 3-36 所示。

立远科技有限公司职员调动、晋升申报表

填表日期：　　年　　月　　日

姓　名		性　别		年　龄	
学　历		专　业		到岗日期	
申报类别	□岗位调动		□晋升工资	□职务晋升	
原位	部门		调位	部门	
	职务			职务	
	职位			职位	
	工资级别			工资级别	
调动晋升原因					
备注					
晋升调动生效日期					
原位	部门主管		现任	部门经理	
	人力资源部主管			人力资源部主管	

注：本表一式三份，一份交现任部门主管，一份交财务部，一份由人力资源部存档。

图 3-36　申报表文档

9. 制作考研试卷

制作考研试卷，效果如图 3-37 所示。

10. 制作感谢卡

运用文本格式的设置、添加文本框及编辑艺术字等操作制作一个贺卡文档，最终效果如图 3-38 所示。

威力数学考研班测试卷（含：高数和概率）

班级：_____ 姓名：_____ 学号：_____

一、填空题

（1）若 $x \to 0, n \to \infty$ 则 $x^n =$（　　　　）

（2）设 $y = y(x)$ 是由方程 $xy + e^y = 1$ 所确定的隐函数，则 $y''(0) =$（　　　　）。

二、选择题

（1）设 $f(x) = \begin{cases} \dfrac{\left|x^2 - 1\right|}{x - 1}, & x \neq 1 \\ 2, & x = 1 \end{cases}$ 则在 $x = 1$ 处的函数 $f(x)$

(A) 不连续　　　　　　　　　(B) 连续，但不可导

(C) 可导，但导数不连续　　　(D) 可导，且导数连续

（2）$a_n = n + (-1)^n n + \dfrac{1}{n}$，$n = 1, 2, 3, \cdots\cdots$，则 a_n 是（　　　）。

(A) 无穷小量　　　　　　　(B) 无穷大量

(C) 有界数列　　　　　　　(D) 无界数列

三、计算题

（1）$\lim\limits_{n \to \infty} \dfrac{\sqrt[n]{n!}}{\sqrt{n^2 + n}}$

（2）$\displaystyle\int_0^\pi \sqrt{\sin x - \sin^3 x}\, dx$

$$\begin{vmatrix} 2 & \dfrac{\sqrt{3}}{2} & 1 \\ 0 & 3 & 6^3 \\ 1 & 0 & 0 \end{vmatrix}$$

图 3-37　试卷样文

图 3-38　感谢卡样文

11. 制作个人简历

运用表格的插入、边框和底纹等操作，对个人简历文档进行操作，效果如图 3-39 所示。

个 人 简 历

个人情况				
姓 名	张小鑫	性 别	男	照 片
身 高	180cm	学 历	本 科	
专 业	计算机科学与技术			
出生地	成都市龙泉社区			
E-mail	xingshao@126.com			
联系电话	手机: 1305855****		联系电话: 028-6547****	

教育情况
2001年至2005年　成都大学
1998年至2001年　广安市第一中学

技能
精通Windows XP、Windows Vista、Windows 7操作系统
熟练操作Office系列办公软件、Flash、Photoshop、CorelDRAW等软件
具有一定的编程能力，熟练掌握电脑一般故障的整修和维护

特长
国家排球3级运动员，大学4年皆为校排球队主力成员
高中时为校队队长，并参加过市级比赛，多次在市级比赛中获奖

担任职务获奖情况
2001年至2002年　校排球协会会长　班体育委员及宣传委员
2003年至2004年　被评为校优秀团员，获得校二等奖学金
2003年成都市大学生排球联赛中获得男子第3名
2004年成都市大学生排球联赛中获得男子第1名

图 3-39　简历样文

项目 4　深入了解 Word 2007

学习目标

- 熟练掌握新建样式的操作。
- 熟练掌握利用样式编排文档的操作。
- 掌握目录的基本操作。

◉ 任务 1　对公司员工手册进行排版

任务目标

　　本任务的目标是通过使用样式来编排一个公司员工手册文档。通过练习掌握样式在排版文档时的操作，包括新建样式、使用内置样式排版、修改样式、制作目录等操作，效果如图 4-1 所示。

图 4-1　员工手册样文

专业背景

　　员工手册承载着传播企业形象、企业文化的功能，是有效的管理工具和员工的行动指南。因此，在排版时应尽量做到版面整洁，不花哨，排版有条理。

　　1. 新建样式

　　1）在"开始"选项卡中，单击"样式"功能组右下角的按钮 ，在弹出的下拉菜单中单击"新建样式"按钮，如图 4-2 所示。

图 4-2　"样式"下拉菜单

　　2）在打开的"根据格式设置创建新样式"对话框的"名称"文本框中，输入样式名称"员工守则"，如图 4-3 所示。

　　3）在"样式类型"下拉列表中可以通过不同的选项来定义所选样式的类型。

　　4）在"样式基准"下拉列表中设置基于现有的样式而创建的一种新样式。

　　5）在"后续段落样式"下拉列表中选择应用该样式段落的后续段落样式。

　　6）在"格式"选项组中设置字体为"新宋体"，字号为"五号"。

　　7）单击"格式"按钮，在弹出的下拉菜单中选择"段落"，打开"段落"对话框。设置

"缩进"为"首行缩进"，磅值为"0.75 厘米/2 字符"。

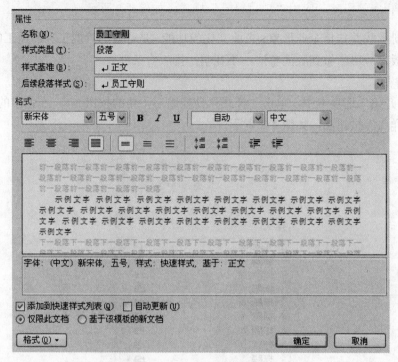

图 4-3　创建新样式

2. 设置"项目符号"样式

1）新建样式，在打开的"根据格式设置创建新样式"对话框的"名称"文本框中输入样式名称"项目符号"。

2）在左下角的"格式"下拉菜单中单击"编号"选项，弹出"项目符号和编号"对话框，切换至"项目符号"选项卡，在其中选择项目符号◆。

3. 应用样式

1）选中"序言"文本，在"样式"面板的列表框中选择"标题 2"，即可应用所选样式，如图 4-4 所示。

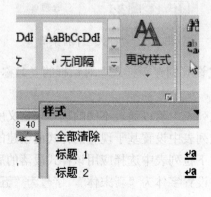

图 4-4　应用样式

2）选中正文，应用"员工守则"样式。

3）选中相应的段落，应用"项目符号"样式，如图 4-5 所示。

◆　第二条　　公司设总经理

　　参会负责并报告工作，

◆　第三条　　公司现设书和

◆　第四条　　总经理、副总

◆　第五条　　公司日常管理

图 4-5　应用项目符号

4. 制作目录

1）将光标放在文档最前面（可使用<Enter>键添加行）。切换至"引用"选项卡，在"目录"功能组中单击"目录"按钮，在弹出的下拉菜单中选择"插入目录"，如图 4-6 所示。

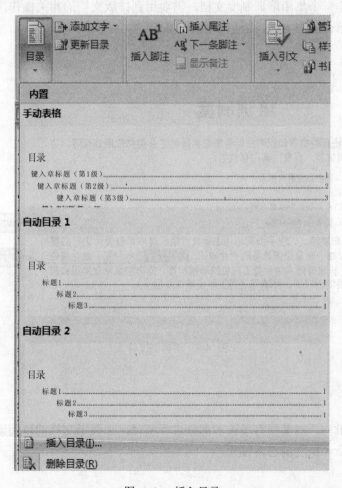

图 4-6　插入目录

2）在弹出的"目录"对话框中对目录的页码、制表符前导符、目录格式和显示级别进行设置，单击"确定"按钮，如图 4-7 所示。

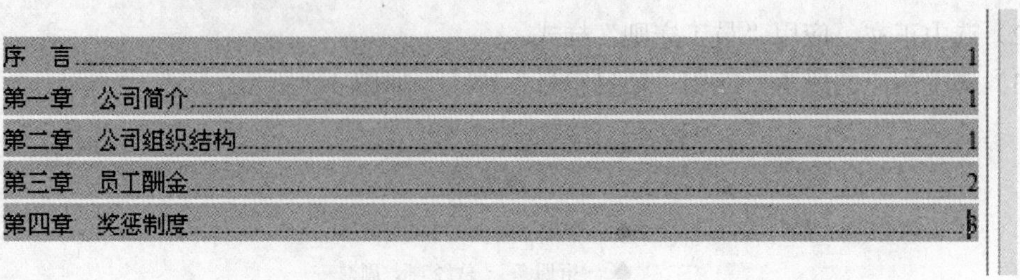

图 4-7 目录样文

任务 2 修订培训制度

任务目标

本任务将制作一个集团培训制度文档，需要用到排版文档的相关操作，通过插入批注来制作一个规范的培训制度文档，效果如图 4-8 所示。

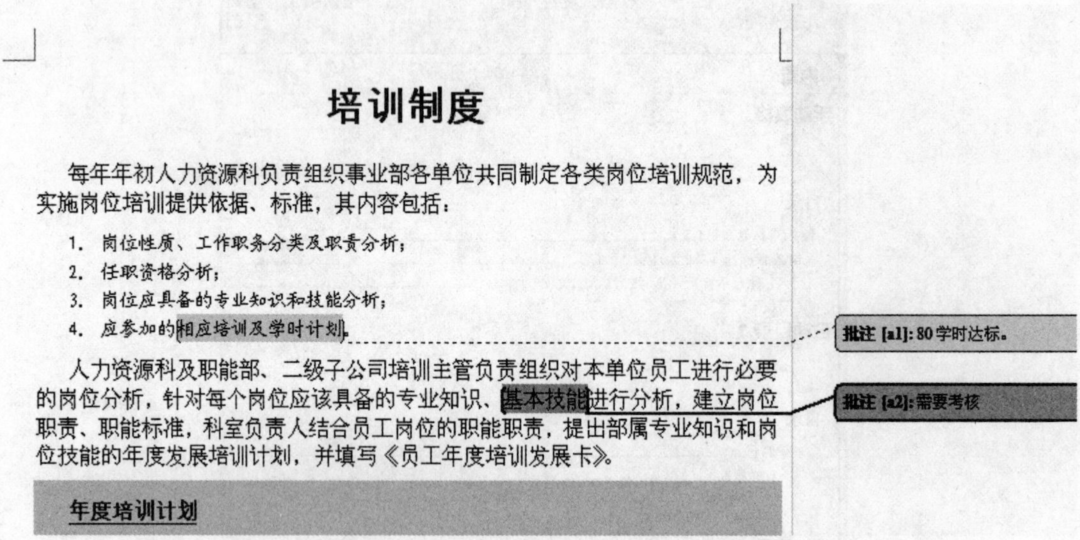
培训制度

每年年初人力资源科负责组织事业部各单位共同制定各类岗位培训规范，为实施岗位培训提供依据、标准，其内容包括：

1. 岗位性质、工作职务分类及职责分析；
2. 任职资格分析；
3. 岗位应具备的专业知识和技能分析；
4. 应参加的相应培训及学时计划。

人力资源科及职能部、二级子公司培训主管负责组织对本单位员工进行必要的岗位分析，针对每个岗位应该具备的专业知识、基本技能进行分析，建立岗位职责、职能标准，科室负责人结合员工岗位的职能职责，提出部属专业知识和岗位技能的年度发展培训计划，并填写《员工年度培训发展卡》。

年度培训计划

图 4-8 培训制度样文

专业背景

对文档进行批注，对某些有争议的部分进行解释，加强了文档的可阅读性，便于理解，也是现在长篇文章和论文的必备操作。

1. 插入批注

1）选择要进行批注的文本“相应培训及学时计划”。切换至“审阅”选项卡，在“批注”功能组中单击“新建批注”按钮，如图 4-9 所示，输入：“80 学时达标。”

图 4-9　新建批注

2）选择要进行批注的文本"基本技能"，插入批注："需要考核"。

2. 修改批注

通过"修订"功能组中"修订选项"，对修订框等进行修改，如图 4-10 所示。

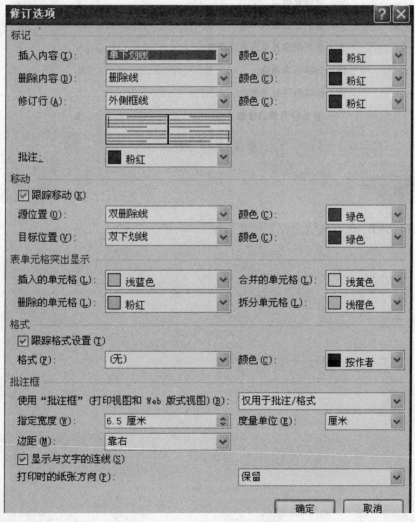

图 4-10　"修订选项"对话框

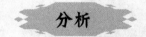

实训

排版员工行为规范手册

实训目标

本实训要求利用排版长文档的相关知识，排版员工行为规范手册，其部分文档的效果如图 4-11 所示。

目　录

图 4-11　手册样文

分析

打开素材文档，在首页适当位置创建目录。

参考文献

[1] 张巍. Office 2007 基础教程 [M]. 北京：电子工业出版社，2012.

参考文献

[1] 佚名. Office 2007实用教程[M]. 北京: 清华大学出版社, 2012.